2013·金堂奖

JINTANGPRIZE

——2013中国室内设计年度优秀公共空间作品集

CHINA INTERIOR DESIGN ADWARDS 2013
GOOD DESIGN OF THE YEAR PUBLIC SPACE

金堂奖组委会·编

中国林业出版社
China Forestry Publishing House

VASAIO 維迅陶瓷
Ceramics

Original Stone / Original Wood / Original
原石 · 原木 · 原创

"艺术是瓷砖的灵魂"。维迅VASAIO将自然界美学沉淀凝固于瓷砖之上，将自然之美与陶瓷先进工艺完美结合，维迅VASAIO原石和原木以其独有的真实感倾倒大众。取材自然"原石和原木"的原创，是希望将石材的石感，木材的木感还原至瓷砖之上，求真求实，并用最熟悉的原石和原木唤醒人类最深层的记忆，直至心灵。

维迅VASAIO品牌的产品结构完整，既重点突出：梵高印象·原石系列、名木世家·瓷木系列、九龙壁·全抛釉系列等三大类全新产品，也有主次分明的三大类传统产品：玄武岩·仿古砖系列、中华石·抛光砖系列、T&L·超薄瓷片系列等。

世纪金陶奖获奖品牌
中国意大利陶瓷设计大奖获奖品牌

徐虹创意木饰工作室
首席产品设计师

中国拼花地板
领导者

秋香

月光

加旋木马

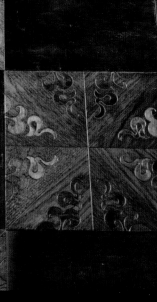

如意卷草

烟色郁金

乌纹爵士

富贵璎珞

木樨清芬

徐虹创意木饰工作室

工厂地址：上海市青浦区金泽莲金路10号　电话：021-59272871　E-mail：irishuanyi@hotmail.com

图书在版编目（CIP）数据

金堂奖：2013中国室内设计年度优秀作品集：珍藏版 / 金堂奖组委会编.

-- 北京：中国林业出版社，2013.12

ISBN 978-7-5038-7277-8

Ⅰ.①金… Ⅱ.①金… Ⅲ.①室内装饰设计—作品集—中国—现代 Ⅳ.①TU238

中国版本图书馆CIP数据核字(2013)第272218号

编委会成员名单

主　　编：金堂奖组委会

策划执行：金堂奖出版中心

编写成员：　张　岩　张寒隽　高囡囡　王　超　刘　杰　孙　宇　李一茹　王灵心　王　茹　魏　鑫

　　　　　　姜　琳　赵天一　李成伟　王琳琳　王为伟　李　金　王明明　徐　燕　许　鹏　叶　洁

　　　　　　石　芳　王　博　徐　健　齐　碧　阮秋艳　王　野　刘　洋　袁代兵　张　曼　王　亮

　　　　　　陈圆圆　陈科深　吴宜泽　沈洪丹　韩秀夫　牟婷婷　朱　博　文　侠　王秋红　苏秋艳

　　　　　　孙小勇　王月中　刘吴刚　吴云刚　周艳晶　黄　希　朱想玲　谢自新　谭冬容　邱　婷

　　　　　　欧纯云　郑兰萍　林仪平　杜明珠　陈美金　韩　君　李伟华　欧建国　黄柳艳　张雪华

———

责任编辑：纪　亮　李丝丝　李　顺

———

出　版：中国林业出版社（100009 北京西城区德内大街刘海胡同 7 号）

网　址：http://lycb.forestry.gov.cn/

E-mail: cfphz@public.bta.net.cn 电话：（010）8322 5283

发　行：中国林业出版社

印　刷：北京利丰雅高长城印刷有限公司

版　次：2014年1月第1版

印　次：2014年1月第1次

开　本：235mm *300mm　　1/16

印　张：100

字　数：2000千字

定　价：1800.00元（全10册）

Public
公共空间

故宫出版社文化展示中心
主案设计_蔡文齐
项目地点_北京
项目面积_400平方米
投资金额_200万元

P002

青岛华润悦府公寓公共区
主案设计_吴刚
项目地点_山东青岛市
项目面积_1175平方米
投资金额_2000万元

P006

昆山文化艺术中心
主案设计_张晖
项目地点_江苏苏州市
项目面积_30000平方米
投资金额_20000万元

P012

重庆黎香湖教堂
主案设计_琚宾
项目地点_重庆
项目面积_800平方米
投资金额_500万元

P018

南大金陵微电影与媒体
创意实验室：云端
主案设计_郭晰纹
项目地点_江苏南京市
项目面积_700平方米
投资金额_100万元

P026

成都东郊记忆演艺中心
主案设计_张灿
项目地点_四川成都市
项目面积_6000平方米
投资金额_1600万元

P034

闽南大戏院
主案设计_文勇
项目地点_福建厦门市
项目面积_23000平方米
投资金额_43000万元

P038

智慧1+1
主案设计_吴联旭
项目地点_福建福州市
项目面积_530平方米
投资金额_50万元

P046

多维门
主案设计_彭征
项目地点_广东广州市
项目面积_36平方米
投资金额_12万元

P050

苏州高新区规划展示馆
主案设计_李晖
项目地点_江苏苏州市
项目面积_7580平方米
投资金额_9000万元

P054

重庆国泰艺术中心
主案设计_张晖
项目地点_重庆
项目面积_10000平方米
投资金额_8000万元

P060

大连国际会议中心
主案设计_姜峰
项目地点_辽宁大连市
项目面积_92980平方米
投资金额_24600万元

P064

11号线北段二期车站
主案设计_马凌颖
项目地点_上海
项目面积_190000平方米
投资金额_21000万元

P074

黑河市城市规划体验馆
主案设计_郭海兵
项目地点_黑龙江黑河市
项目面积_2800平方米
投资金额_2400万元

P082

小东园
主案设计_潘冉
项目地点_江苏南京市
项目面积_350平方米
投资金额_280万元

P088

苏州浪石陶艺美术馆
主案设计_万浮尘
项目地点_江苏苏州市
项目面积_445平方米
投资金额_40万元

P096

高瑀－银河SOHO展览：
不现实
主案设计_陈暄
项目地点_北京
项目面积_1200平方米
投资金额_10万元

P100

华侨城欢乐海岸海洋奇梦馆
主案设计_陈国良
项目地点_广东深圳市
项目面积_3300平方米
投资金额_1680万元

P104

贝帝国际艺术整形旗舰机构
主案设计_汪晖
项目地点_广东广州市
项目面积_1700平方米
投资金额_2000万元

P110

拉萨市规划建设展览馆
主案设计_李祥君
项目地点_西藏拉萨市
项目面积_6000平方米
投资金额_4500万元

P114

北京外国语大学图书馆
改扩建
主案设计_刘烨
项目地点_北京
项目面积_15000平方米
投资金额_3000万元

西安百思美齿科诊所
主案设计_邱洋
项目地点_陕西西安市
项目面积_300平方米
投资金额_75万元

• 更多精彩项目详见光盘

重庆市歌剧院
主案设计_李舟
项目地点_重庆
项目面积_6000平方米
投资金额_600万元

创意：路上
主案设计_谢英凯
项目地点_广东广州市
项目面积_72平方米
投资金额_50万元

浙江省博物馆西湖美术馆
主案设计_史欣
项目地点_浙江杭州市
项目面积_2150平方米
投资金额_900万元

朗诗德健康水生活馆
主案设计_黄定宙
项目地点_浙江温州市
项目面积_300平方米
投资金额_100万元

夏恩英语培训学校－江
宁二店
主案设计_张兆娟
项目地点_江苏南京市
项目面积_300平方米
投资金额_80万元

杭州西溪印象城海洋村
主案设计_姚康荣
项目地点_浙江杭州市
项目面积_2000平方米
投资金额_300万元

沙坪坝育英小学
主案设计_黄家裕
项目地点_重庆
项目面积_1800平方米
投资金额_200万元

额济纳旗博物馆
主案设计_于华
项目地点_内蒙古阿拉善盟
项目面积_3535平方米
投资金额_1290万元

武汉规划展示馆
主案设计_李鹏
项目地点_湖北武汉市
项目面积_22430平方米
投资金额_15000万元

南大和园幼儿园
主案设计_盛利
项目地点_江苏南京市
项目面积_7000平方米
投资金额_300万元

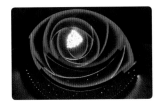

昆 山文化艺术中心
Kunshan Culture Art Center

重 庆黎香湖教堂
Chongqing Lake Blossom Church

南 大金陵微电影与媒体创意实验室 云端
Over The Cloud

成 都东郊记忆演艺中心
Chengdu Eastern Suburbs Memory Art Center

闽 南大戏院
Bantam Grand Theater

智 慧 1+1
ZhiHui 1+1

多 维门
IDEA DOOR

苏 州高新区规划展示馆
Suzhou Hi-Tech Zone Planning Exhibition Hall

重 庆国泰艺术中心
Chongqing Guotai Arts Center

大 连国际会议中心
Dalian International Conference Center

1 1号线北段二期车站
line 1(North Section)PhaseII Station

黑 河市城市规划体验馆
Heihe Urban Experience Museum

小 东园
Xiao Dong Yuan

沙 坪坝育英小学
Shapingba Yuying Primary School

南 大和园幼儿园
NanDa HeYuan Kindergarten

华 侨城欢乐海岸海洋奇梦馆
OCT(Happy Coast) Dream Aquarium

故 宫出版社文化展示中心
Forbidden City Press Exhibition Center

拉 萨市规划建设展览馆
Lhasa City Planning Exhibition Hall

北 京外国语大学图书馆改扩建
Beijing Foreign Studies University Library extension

西 安百思美齿科诊所
Xi'An Best Smile Dental Clinic

参评机构名/设计师名：
北京集美组建筑设计有限公司/
Beijing Newsdays Architectural Design Co.,Ltd

Beijing Newsdays

简介：
北京集美组涉及的项目包括：高端酒店，会所，餐饮，特色样板间，以及文化类、商业类空间等。服务包括建筑顾问、室内设计与工程，陈设艺术顾问与订制。北京集美组拥有中华人民共和国住房和城乡建设部颁发的建筑装饰装修工程设计与施工壹级资质。2013年获国际室内设计师协会（IIDA）举办的第40届IDC国际室内设计年度大奖，2012年获国际室内设计师协会（IIDA）举办的第39届IDC国际室内设计年度大奖，2012年度•ANDREW MARTIN国际室内设计奖，2012 BEST OF YEAR年度最佳设计提名奖，2011年度•ANDREW MARTIN国际室内设计奖，屡次获得"金堂奖"，"陈设中国-晶麒麟奖"，"室内设计双年展"。成功案例：南京中航机府会所，郑州中原会馆，北京故宫紫禁书香，上海佘山高尔会所贵宾厅，上海万科第五园余舍会所，北京一泉德私人会所，北京时尚大厦，北京团结湖山海楼会所，北京北湖九号。

故宫出版社文化展示中心
Forbidden City Press Exhibition Center

A 项目定位 Design Proposition

故宫出版社（原紫禁城出版社）创办于1983年，是目前我国唯一一家由博物馆主办的出版社。"服务故宫，开放交流"是出版社的宗旨。20年来，出版社各类图书数百种，并定期出版《故宫博物院院刊》、《紫禁城》两种刊物。紫禁城版图书以故宫为依托，展示古代文明，弘扬传统文化，内容涵盖历史、建筑、文物、艺术、旅游、博物馆等诸多门类。其文化展示中心是其多年精华的集中展示。

B 环境风格 Creativity & Aesthetics

用现代手法演绎中国古典文化。

C 空间布局 Space Planning

展览与办公、会客融为一体，无处不是展览。

D 设计选材 Materials & Cost Effectiveness

简单、自然。

E 使用效果 Fidelity to Client

受到一致好评。

项目名称_故宫出版社文化展示中心
主案设计_蔡文齐
参与设计师_梁建国、吴逸群、宋军晔、余文涛、罗振华、聂春凯、王二永
项目地点_北京
项目面积_400平方米
投资金额_200万元

参评机构名/设计师名：
北京万景百年室内设计有限公司/
Interscape Associates
简介：
成功案例：远洋天着森林会所售楼处、北京丽思卡尔顿酒店、广州富力丽思卡尔顿酒店、青岛华润悦府公寓大堂、山东华润威海九里样板间、宁波华润别墅、北京慈云寺慈云轩会所、远洋傲北样板间、海口喜来登三餐厅天津鼎润会所、北京丽雅酒店、天津远洋万和城样板间、明宇豪雅成都滨河广场酒店。

青岛华润悦府公寓公共区
HuaRun YueFu Department(Public Area)

A 项目定位 Design Proposition

本项目所处地为青岛市市中心繁华地段，并定位为高端住宅项目，因此从室内设计角度要从功能布局、装修材料、软装布置都能体现此项目的人性化、奢华感及舒适度的结合。

B 环境风格 Creativity & Aesthetics

大堂这里需要一个平静的空间氛围，温馨、包容让人们在这里相遇、停留。从布局上考虑尽量将空间分割规整、对称，以符合中国传统审美。以"悦"字演变出的装饰符号，运用在金属镂空装饰屏风上，以增加空间的文化内涵，使空间更具独特性。

C 空间布局 Space Planning

如果说空间设计是在书写文章，大堂入口将是整篇文章做铺垫的关键点，在这里，以灌木掩映下的地灯作为开篇，在温暖灯光下，拾级而上。从室外透过玻璃幕墙看到大堂的吊灯无形中感受到了家的归属感。

D 设计选材 Materials & Cost Effectiveness

整个空间采用浅色木纹石与洞石为主要石材，局部搭配哑光浅色木饰面，给人以清新淡雅的感受，在天花及墙面采用深色金属收边的手法，勾勒出空间的变化，并给空间增添了精致与奢华感。

E 使用效果 Fidelity to Client

功能布置、装饰效果都得到业主及运营物业的认可。

项目名称_青岛华润悦府公寓公共区
主案设计_吴刚
参与设计师_刘青山、江汀、应铜
项目地点_山东青岛市
项目面积_1175平方米
投资金额_2000万元

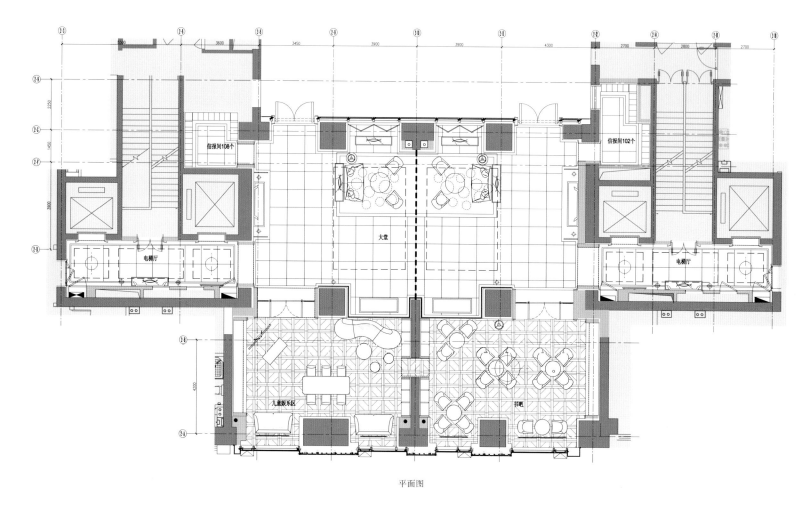

平面图

参评机构名/设计师名：
中国建筑设计研究院环艺院室内所/
CHINA ARCHITECTURE DESIGN RESEARCH
GROUP
简介：
所获奖项：中国室内设计学会奖、金堂奖、筑
巢奖、威海"蓝星杯"、全国优秀工程勘察设
计奖等。

成功案例：拉萨火车站、首都博物馆、山
东广电、福建大剧院、无锡科技交流中心
等。是我国成立最早的建筑室内专业设计
机构之一，依托中国建筑设计研究院的雄
厚实力，始终致力于室内设计的研究与发
展，走过了一条不断探索和创新的道路。
成立50多年来，室内设计研究所完成室内设
计项目400余项，足迹遍布全国，在文化教育

建筑、大型办公楼建筑、交通建筑设
施、体育建筑、驻外使领馆、酒店等
各种类型空间的设计领域都取得了丰
硕成果，尤其擅长以建筑到室内整体
设计。

昆山文化艺术中心
Kunshan Culture Art Center

A 项目定位 Design Proposition
设计定位于综合性文化空间，具有大剧院，多功能昆曲小剧场，多功能的会议空间和培训空间，影剧院娱乐空间。最大限度地满足广大市民对各类观演剧目的精神需求，同时兼具会议、文化培训等功能需求。

B 环境风格 Creativlty & Aesthetics
选取昆曲和并蒂莲作为母体，沿水体曲线布置具有水乡的"神韵"。在平面上呈现出不同层面的曲线幕墙交叠错落的形式，使室内外空间紧密结合，水乳交融。

C 空间布局 Space Planning
本案室内设计的主要空间界面也都是由曲线或曲面构成的。曲线设计在视觉上给人以轻松愉悦、委婉优雅的感觉，为了强调曲线在空间中舞动的动势，设计将主要空间的界面进行解构，由不同趋势弧度的曲面在交叠穿插中组成空间的各个界面，使空间形式丰富而有层次。

D 设计选材 Materials & Cost Effectiveness
为了体现水袖捧花的设计理念。空间中的色彩减少调性，将视觉空间腾出，随着观众的移动，各个空间——或剧场或会议，在清雅的场景中慢慢呈现，达到曲调中一个又一个的精彩。舞动的飘带呈现了水乡悠远连绵的势态，飘带上疏密有致的光晕又生动细腻了画面。

E 使用效果 Fidelity to Client
设计投入使用后，赢得了广泛的赞誉。演出的频率和上座率非常高。社会影响良好。荣获苏州十大建筑第四名，为苏州县级市唯一入选建筑，前三名分别为苏州博物馆，苏州科文中心及苏州火车站。

项目名称_昆山文化艺术中心
主案设计_张晔
参与设计师_纪岩、饶劢、盛燕、马盟雪、郭林、韩文文
项目地点_江苏苏州市
项目面积_30000平方米
投资金额_20000万元

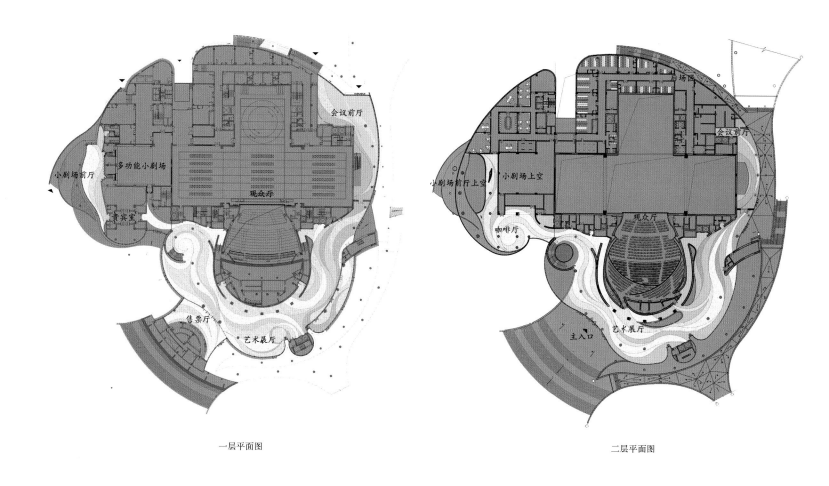

一层平面图　　　　　　　　　　　　　　二层平面图

参评机构名/设计师名:
水平线室内设计有限公司/
Horizontal Space Design

简介:
HSD水平线空间设计有限公司是中国当代设计的代表之一,拥有多名优秀的年轻设计师的国际化团队。自2003年成立至今,HSD始终秉承创新精神,使我们在建筑设计、室内设计、景观设计、产品设计等领域成为开拓者,竭力为业主提出设计与工程方面的最佳解决方案。在设计中,HSD善于发掘传统文化中的可能性,赋予每个设计以鲜明的个性和旺盛的生命力。我们秉承对东方传统文化、艺术、与哲学等方面的提取和运用,配合数字化分析工具和国际先锋的设计方法,致力于真正属于中国的现代巅峰设计。

HSD创始人及首席创意总监琚宾先生致力于研究中国文化在建筑空间里的运用与创新,以个性化、独特的视觉语言来表达设计理念,以全新的视觉传达和解读中国文化元素。
所获奖项:2012"现代装饰国际传媒奖"之年度样板空间大奖;2012"金堂奖"之年度十佳样板间/售楼中心设计作品奖;2011 IAI最佳展览空间设计大奖;2011"金堂奖"之年度媒体关注奖。
成功案例:三亚香水湾1号;深圳雅诗阁美伦酒店;金山谷工法展厅;尚溪地会所;中海胥江府等等。

重庆黎香湖教堂
Chongqing Lake Blossom Church

A 项目定位 Design Proposition
黎香湖教堂位于西南重庆的休闲度假区,基于地域和文化的矛盾性,我们的设计弱化了其宗教功能,将其定位为一个人们心灵休憩的场所、分享节日纪念日喜悦的"温暖的盒子"。使人们在度假休闲的时候能在这里从现代快节奏的生活中抽离出来,享受心里的洗礼。

B 环境风格 Creativity & Aesthetics
设计上采用极简主义的理念营造出一种清净典雅之美。在分析研究了西南地域特色及宗教教堂所固有的特质之后,提取和保留了符号中的神韵并加以组合。将西方的宗教文化中,加入东方温润的古典情怀,给人温暖和力量。

C 空间布局 Space Planning
在空间布局上,开敞、平直,地面与洁白的墙面营造出肃穆庄严的空灵感。烛光台、墙上的开窗,使光线自然温暖地充满空间,给人温和的亲切感。

D 设计选材 Materials & Cost Effectiveness
就教堂而言,传递的是精神的力量和宗教的语言。在东方的环境下,其存在与地域和文化本身存在着矛盾的交互。设计中选择了折中的语言,从体量、视觉、感官等多方面,将欧式的建筑线条延续到室内,并从地方特色的竹木上提取元素,搭配木质的椅凳,使空间中传递着自由与融合的信息。

E 使用效果 Fidelity to Client
满意度高。

项目名称_重庆黎香湖教堂
主案设计_琚宾
参与设计师_韦金晶、韦耀程、许金华
项目地点_重庆
项目面积_800平方米
投资金额_500万元

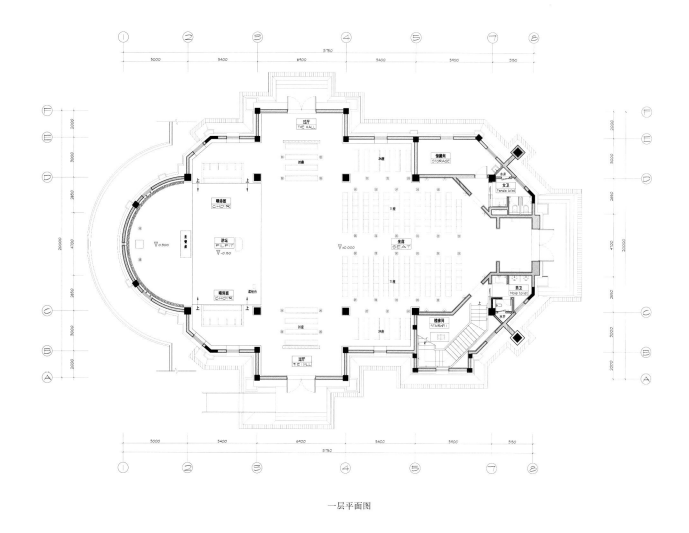

一层平面图

参评机构名/设计师名：
郭晰纹 Amy Guo
简介：
获奖经历：2012年江苏室内设计大奖赛办公工程类一等奖《天技》，2012年江苏室内设计大奖赛文教方案类优胜奖《云端》，2011年江苏室内设计大奖赛别墅工程类一等奖《藏韵》，2011年江苏室内设计大奖赛住宅工程类优胜奖《寻觅》，IA2010室内设计大奖赛别墅方案类优秀奖《完美朝北》，IA2009室内设计大奖赛别墅工程类一等奖《简约主张的中国风》，IA2009室内设计大奖赛住宅方案类三等奖《白色幽远》，2009年入选南京室内设计人才库，2009年度南京室内设计《装饰装修设计》封面人物奖，IA2008室内设计大奖赛住宅工程类优秀奖《08小户型眼中的80建筑》，IA2008室内设计大奖赛住宅工程类佳作奖《梦想·家》。

南大金陵微电影与媒体创意实验室：云端
Over The Cloud

A 项目定位 Design Proposition
这是中国的第一个微电影与媒体创意实验室。她在悬念和争议声中悄然呈现在蓝天白云之间，落成于南京大学金陵学院顶层寂寥天台之上。

B 环境风格 Creativity & Aesthetics
她是自由的、经典的、科技的、生态的。

C 空间布局 Space Planning
她是自由的——创意区、彩排区、表演区和裸眼三D实验室、微博实验室、行为观察室、浮岛演播区既相互打通、自由流动，又功能独立、特征明显，相互呼应、相互融合。

D 设计选材 Materials & Cost Effectiveness
她是科技的——全景电脑灯、智能科技控制、全息投影、智能化搜索、数据挖掘与分析……时时处处挑战我们对技术进步的认知、探寻对前沿科技的梦想；她是生态的——生态绿化、自然采光、高效通风，以及资源再生节能——自循环雨水收集净化系统，空气负离子再造系。

E 使用效果 Fidelity to Client
点点滴滴，浸淫我们对生命的敬重、对自然的尊重。在这云端空间，师生不再是课桌般教条的对立，他们相伴同习，拥有成长与共的师友生态；实验室不再是枯燥死板的电脑鼠标，他们灵动闪耀，成就一片快乐智慧的跨界场域。光，水，雾，你，我，在这里融合，技术、艺术、智慧和爱，昨天、今天和明天，在这里相遇，在云端永恒。

项目名称_南大金陵微电影与媒体创意实验室：云端
主案设计_郭晰纹
参与设计师_贾艳萍、吴宁丰、徐衡
项目地点_江苏南京市
项目面积_700平方米
投资金额_100万元

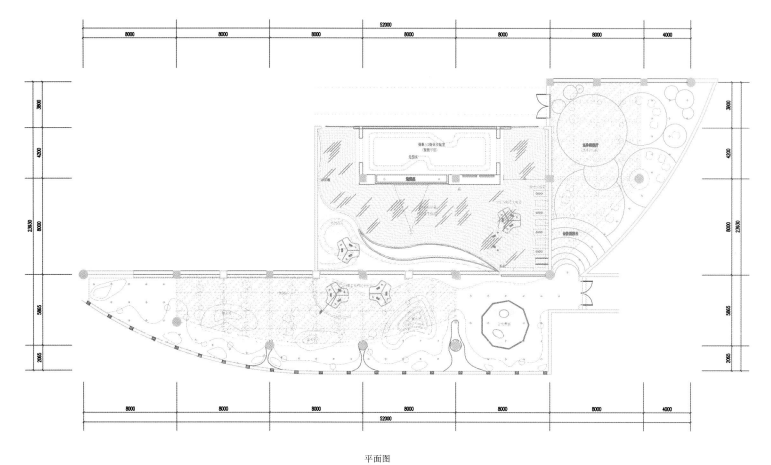

平面图

参评机构名/设计师名：
张灿 Zhang Can
简介：
所获奖项：2011年金堂奖十佳办公空间作品奖、金堂奖十佳公共空间作品奖，2011年CIID第十四届中国室内设计大奖赛银奖、铜奖，2012年"2012亚太室内设计双年大奖赛"餐饮空间提名奖，2012年广州设计周金堂奖十佳样板间/售楼部，2012年中国国际空间环境艺术设计大赛筑巢奖餐饮空间银奖，2013年国际地产奖亚太地区优胜奖。
成功案例：成都当代美术馆，峨眉红珠山酒店，九龙仓时代1号售楼部，深圳老房子水岸元年食府，成都教育学院艺术大楼，蓝顶当代美术馆。

成都东郊记忆演艺中心
Chengdu Eastern Suburbs Memory Art Center

A 项目定位 Design Proposition

成都东郊，在50—60年代，聚集着成都的各种工业企业和厂矿，虽然都是基本以轻工业和电子产品为主的企业，但却都是西部地区有名大企业。改革开放以后随着城市发展，产业结构的转变，企业的改制等等，原来的东郊地区慢慢地从一个工业密集型地区，开始转变为一个城市居住和人民文化生活的地区。

B 环境风格 Creativity & Aesthetics

东郊记忆是在原成都红光电子管厂的旧厂区，由成都传媒集团投资，重新打造的以音乐、影视、演艺为主体的大型音乐公园。而我们设计这个项目是在原红光电子管厂的老的生产厂房的基础上，设计改建成了东郊记忆演艺中心。

C 空间布局 Space Planning

我们的设计是在保留和植入的设计原则上去进行的，对建筑空间的保留和实际使用功能的结合，原有厂房的原有精神的保留，要看到现代设计的体现，却又能体会到原来工业的印记和精神。

D 设计选材 Materials & Cost Effectiveness

我们选择了最简单的主要材料，钢板（原板及锈板）、水泥、钢网（原网和锈网），还有就是马来漆。希望通过这几个材料来体现和找到对工业几记忆。门庭厅的设计是我们表现的重点部分，天棚的原钢板切出不同的方孔表现工业的切割，而且从厅内一直延续至厅外，让整个大厅没有了室内外的视觉界定。 锈板的柱和锈钢网内的LED灯光，让那个时候革命工业的轰轰烈烈用抽象的视觉手段演绎出来。

E 使用效果 Fidelity to Client

东郊记忆，旧工业的记忆，在当代生活中，用视觉和听觉去找回我们的记忆……

项目名称_成都东郊记忆演艺中心
主案设计_张灿
参与设计师_李文婷
项目地点_四川成都市
项目面积_6000平方米
投资金额_1600万元

参评机构名/设计师名:
上海现代建筑装饰环境设计研究院有限公司/
Shanghai Xiandai Architectural Design
Research Institute Co. Ltd

简介:
上海现代建筑装饰环境设计研究院有限公司是
上海首家将环境设计冠于名前从事室内外环境
设计的专业化企业,公司以室内装饰设计、

环境景观设计、建筑与建筑改建设计为三大
主业,形成的"延伸服务"包括:图文渲染
设计、环境艺术设计(含软装饰设计及雕塑设
计)、标识设计、机电设计、装饰施工管理、
技术经济概算以及艺术灯光设计等"一体化"
专业服务。公司坚持"以设计为先导,创意为
竞争力,设计成就和谐"为经营战略,力求以
社会与市场需求为己任,不断增强经营和设计

的创新意识、责任意识、服务意识,按照"诚信服务,团结进取,锐
意创新,追求卓越"的16字方针统领企业运营全过程,并将进一步募
集人才、强化服务、树立品牌,不断开拓国内外两大设计市场,竭诚
为广大客户提供原创、新颖、优质的高品位设计与人性化服务!创意
成就梦想,设计成就和谐!

闽南大戏院
Banlam Grand Theater

A 项目定位 Design Proposition
闽南戏曲艺术剧院建成将成为闽南区域最大的艺术剧院,为厦门未来海湾型城市一个功能非常重要的标志性节点。

B 环境风格 Creativity & Aesthetics
室内设计传递了建筑设计的理念,并将它在细节中巧妙地体现出来,又融合了当地的地域文化特征。通过对自然、环境、人文、建筑元素的提取、变化、衍生和组合,表现舞动的生命力和欢娱的生活气息。

C 空间布局 Space Planning
公共大厅巧妙地利用各种楼梯的空间,划分出不同的休息区。

D 设计选材 Materials & Cost Effectiveness
无论在公共大厅还是剧院观众厅内,充分利用GRG的材料特点,结合设计理念的要求,塑造出独有的肌理造型;大厅两层不同材料、颜色的吊顶,既延续了建筑特色,丰富了空间效果,又巧妙地隐藏各种设备同时满足了防噪声要求。

E 使用效果 Fidelity to Client
装饰与声学效果完美地结合,投入运营后,得到当地市民和各演出团队的好评。这里已成为厦门市民的文化艺术活动中心。此项目为我们赢得了新的设计项目。

项目名称_闽南大戏院
主案设计_文勇
参与设计师_王岩、俞国斌、张静、娄艳
项目地点_福建厦门市
项目面积_23000平方米
投资金额_43000万元

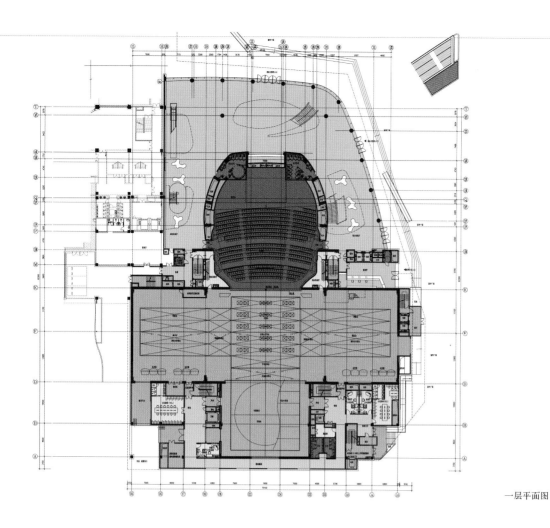

一层平面图

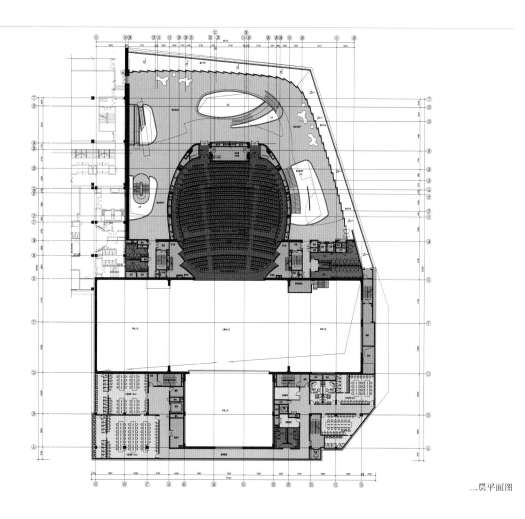

一层平面图

参评机构名/设计师名:
吴联旭 Wu Lianxu
简介:
CIID会员、室内设计师、C&C联旭室内设计有限公司创办人、设计总监。从事室内设计工作十余年,积累了丰富的设计经验,完成大量成功的商业项目。善于用前瞻性的设计笔触,形成独特的设计风格,带给人耳目一新的感觉。

"设计师要有沉下来的勇气",沉得下来,可以厚积薄发,其作品获得了众多的设计大奖。也因为专业领域表现突出,两度成为中国室内设计师年度封面提名人物,被评为"海西影响力室内设计师"、"中国新锐室内设计师"。追求永无止境,近年来,致力于私人会所文化和品质生活方式的推广。工作设计方向偏向私人会所、茶文化及地产商业设计,并积累了大量成功案例,不断把设计推向新的高度。因设计而时尚,因时尚而更有发言的力量,然而卸去时尚的外衣,依旧是一个有着自己独特文化品格的设计师。

智慧1+1
ZhiHui 1+1

A 项目定位 Design Proposition
综合孩童的特点,从理性的角度设计出发,以孩子的成长为中心,最大可能地去创造一个属于小朋友的国度。

B 环境风格 Creativity & Aesthetics
摒弃通常的卡通可爱的空间,白、橙、绿颜色搭配,色彩环境明亮、轻松、愉悦。优美的弧线条和块状颜色的撞击,细部适量加入的一些童趣的元素,干净而不失童趣。

C 空间布局 Space Planning
设计师则另辟蹊径,试图从深度挖掘可行的设计空间。设计重心放在学习过程和教学之中,以教育的理性角度去审视并了解儿童的心态,塑造一个能发掘孩童潜能的学习空间。大大小小的弧形的结构,空间细部的童趣元素不仅将空间合理且趣味化,还能适当保护着小朋友活泼又朝气的小身躯。

D 设计选材 Materials & Cost Effectiveness
在设计选材上以柔软、自然素材为主,如绒布、地塑等。这些耐用、容易修复、非高价的材料,可营造舒适的早教环境,也令家长没有安全上的忧虑。

E 使用效果 Fidelity to Client
在投入使用后,以独特的设计品位吸引了纵多家长和小朋友的喜爱,成为地区早教同行学习的样板。

项目名称_智慧1+1
主案设计_吴联旭
项目地点_福建福州市
项目面积_530平方米
投资金额_50万元

参评机构名/设计师名：
广州共生形态工程设计有限公司/
C&C Design Co., Ltd.
简介：
近年来，随着中国城市化进程的快速发展，公司专注于酒店、会所、房地产售楼部和样板房等项目的设计，先后服务于珠江投资、越秀城建、合生创展、香港新世界、利海集团、祈福

集团、富力地产、凯德置地、丽丰控股、融科智地、五矿集团、万科集团、时代地产、长隆集团等知名发展商，服务客户也从广州扩展至北京、天津、上海、深圳等国内多个城市以及香港、澳门、新加坡、德国等海外地区。2008年，应市场要求，公司又专门组建成立广州饰合院装饰工程有限公司和广州四合工艺品有限公司，为地产会所、样板房、别墅等客户提供

专业的整体软装配饰服务。"共生形态"是一个正在成长和壮大中的设计团队，我们的名字就决定了我们的包容性，同时，我们也感兴趣"共生形态"这一词组的所有内涵。在当今发展中的中国，大规模、巨量、高速的建设状态鼓励社会性的设计实践，对于设计师来说，拥有的机会不但是设计一件作品去影响和改变生活，更是致力于当代中国面貌的成形过程，这是对"共生形态"设计团队，对中国的类似工作的最终挑战。

多维门
IDEA DOOR

A 项目定位 Design Proposition

作为第一次参加广州国际设计周，如何在36个平方内来展示一个设计企业的形象？我们需要解决三个问题：第一，我们做什么；第二，我们解决问题的能力；第三，我们面向什么类型的客户。作品基本实现了预期效果。

B 环境风格 Creativity & Aesthetics

年轻、时尚、简约、充满张力和创意，这些都是我们秉承的一贯设计风格，IDEA DOOR也正是希望将这种风格做到极致和纯粹。

C 空间布局 Space Planning

IDEADOOR是一个关于多维共时的空间装置，伸向四面的窗和门实现了展示空间内外的交互，同时也象征着包容、开放和多元化的企业理念。

D 设计选材 Materials & Cost Effectiveness

过往大部分的展览，随着展览的结束都会制造一堆装修垃圾无法回收，造成不必要的浪费，IDEADOOR采用轻钢龙骨双层弹力软膜，搭建简易迅速，同时材料的可回收性体现了我们所提倡的环保的设计理念。

E 使用效果 Fidelity to Client

除了独特张扬的外观和内外灵动的空间设计，位于装置内的企业设计案例采用增强现实的交互展示技术，通过现实和虚拟环境的叠加，实现了展示形式由二维向多维的转换，更好地实现了人与展示信息的交互。

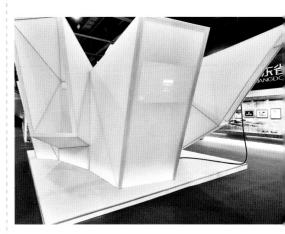

项目名称_多维门
主案设计_彭征
参与设计师_史鸿伟、谢泽坤
项目地点_广东广州市
项目面积_36平方米
投资金额_12万元

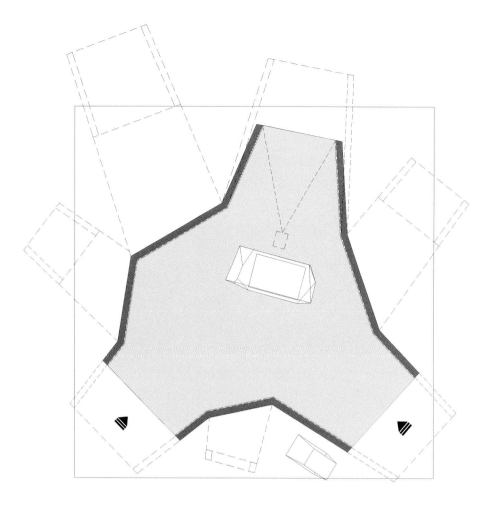

一层平面图

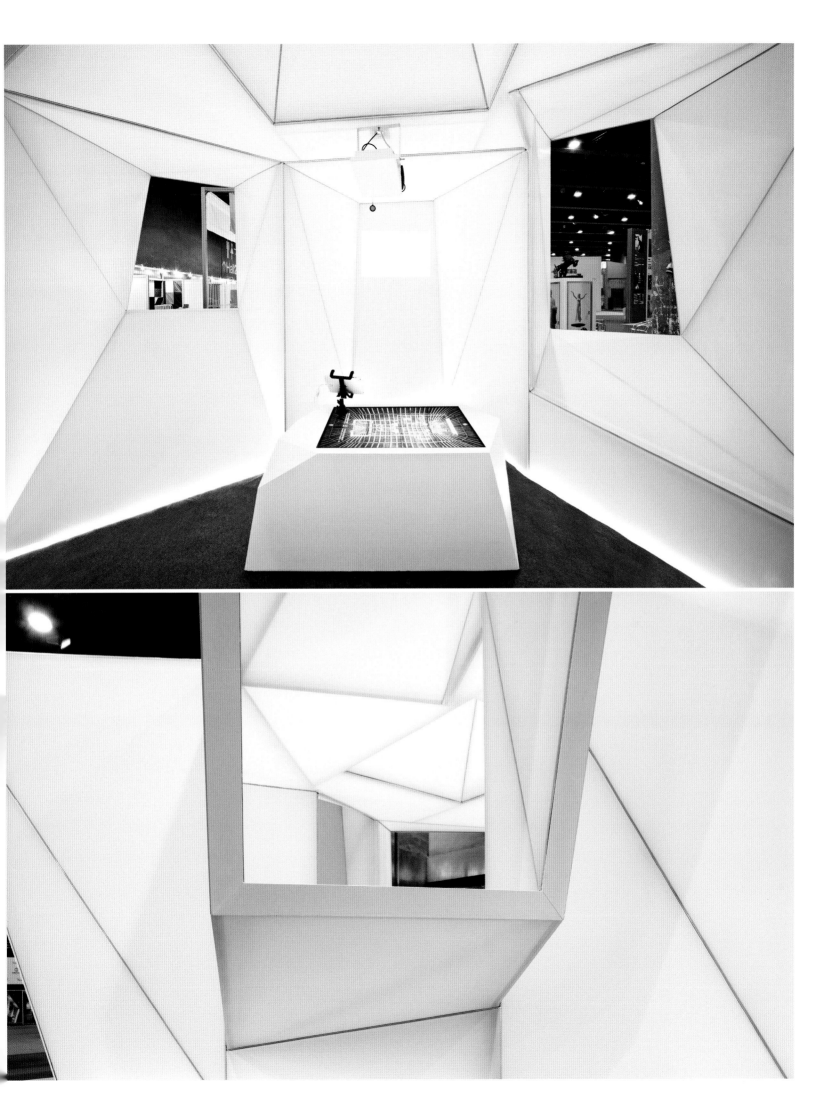

参评机构名/设计师名:
上海风语筑展览有限公司/
Shanghai Abluesdesign Exhibition Co.,Ltd
简介:
城市规划展览馆的行业龙头,也是目前国内少有的专注城市规划类的展览馆装饰及展示设计施工一体化工程的专业公司。目前风语筑是行业内拥有最多中国规划馆成功业绩的公司。

公司借鉴国际化Crossover理念,以国际+本土的专业化团队,形成了自己的创作风格和设计特色。
作品如中国直辖市中最后一个规划馆——天津城市规划展览馆;江南历史文化名城——杭州市规划展览馆;北方历史文化名城——石家庄市规划展览馆;东北第一馆——沈阳市规划展览馆,西北历史古都——西安市规划展览馆,

山东省会——济南市规划展览馆,"青色的城市"——呼和浩特市规划展览馆,2010年度国内投资最大规划馆——大庆市规划展览馆。
沈阳市规划展览馆荣获设计行业大奖2010金堂奖,以及"沈哈长"三市优秀工程金杯奖,台州市路桥区规划展览馆还入选2008年度亚太室内大奖作品集。

苏州高新区规划展示馆
Suzhou Hi-Tech Zone Planning Exhibition Hall

A 项目定位 Design Proposition
苏州高新区展示馆位于苏州市虎丘区科技城内,展馆建筑主体3层,总建筑面积约8000平方米。以苏州高新区开发建设以来取得城建成果为内容主线,通过诸如220双曲面超大型双曲面模型秀、眼神互动沉浸式体验空间、数字沙盘、虚拟现实等大量高科技声光电,全方位、多视角展示高新区社会发展、建设及规划取得的丰硕成果,充分展现高新区的发展理念、发展模式与发展目标,综合体现了高新区的内涵、风貌与愿景。

B 环境风格 Creativity & Aesthetics
以"真山真水园中城"为展示主线,汲取苏州园林的特色元素,营造具有本地色彩的文化展示空间。

C 空间布局 Space Planning
展馆分为城市大厅、城市成就、城市未来三大展示部分,通过艺术绝活"双面绣"的创意手法,勾连起高新区的传统与现代。

D 设计选材 Materials & Cost Effectiveness
本案大量运用硅藻泥、麦秸秆等环保材料,投射出高新区发展的绿色循环经济,建设节约型资源社会的城市内涵。

E 使用效果 Fidelity to Client
展馆展现了苏州高新区的建设发展历程与未来愿景规划,集合高科技声光电所带来的是一座互动、亲民、科技、娱乐为一体的多维展馆,深受当地市民的喜爱。

项目名称_苏州高新区规划展示馆
土案设计_李晖
项目地点_江苏苏州市
项目面积_7580平方米
投资金额_9000万元

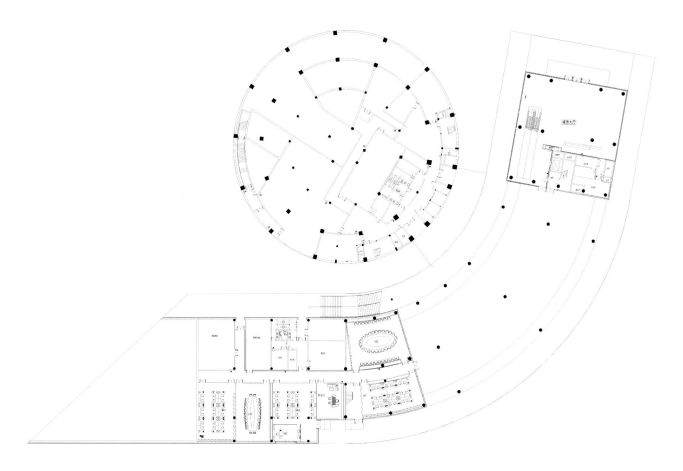

一层平面图

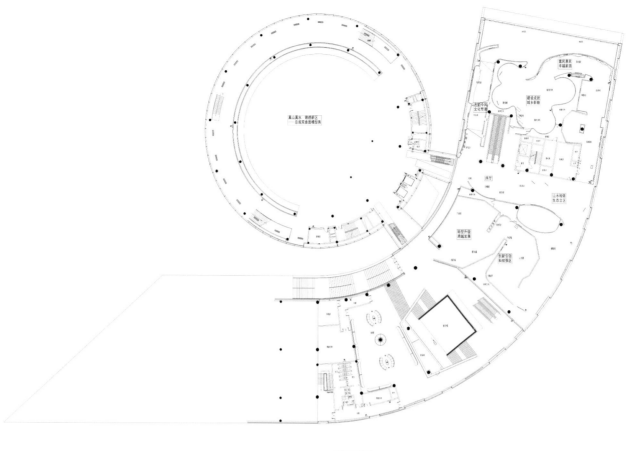

二层平面图

参评机构名/设计师名：
中国建筑设计研究院环艺院室内所/
CHINA ARCHITECTURE DESIGN RESEARCH GROUP
简介：
所获奖项：中国室内设计学会奖、金堂奖、筑巢奖、威海"蓝星杯"、全国优秀工程勘察设计奖等。

成功案例：拉萨火车站、首都博物馆、山东广电、福建大剧院、无锡科技交流中心等。是我国成立最早的建筑室内专业设计机构之一，依托中国建筑设计研究院的雄厚实力，始终致力于室内设计的研究与发展，走过了一条不断探索和创新的道路。成立50多年来，室内设计研究所完成室内设计项目400余项，足迹遍布全国，在文化教育

建筑、大型办公楼建筑、交通建筑设施、体育建筑、驻外使领馆、酒店等各种类型空间的设计领域都取得了丰硕成果，尤其擅长以建筑到室内整体设计。

重庆国泰艺术中心
Chongqing Guotai Arts Center

A 项目定位 Design Proposition
项目位于重庆市渝中区解放碑中心地段，是重庆新的地标性建筑。

B 环境风格 Creativity & Aesthetics
建筑的构成方式为黑红两色的"题凑"交织堆砌，远远望去像一团熊熊燃烧的篝火。室内设计中，沿用建筑的语言，以古典传承为支撑，采用舞台的、戏剧化的方式，融合声学创新的新理念，展现重庆印象。

C 空间布局 Space Planning
"题凑"是建筑的设计元素，也是室内的构成工法，整个建筑外部、内部由题凑的方式搭建，用题凑实现功能，比如休息分区、垂直交通、屏幕显示、剧院包厢、引入天光、照明等等。"题凑"是功能的叠摞，也是山城的缩影。

D 设计选材 Materials & Cost Effectiveness
材质颜色以红黑为主，即使建筑的延续也是重庆骨子里的色彩。在剧院及音乐厅中材质的选择与声学设计有着密切的联系，满足界面的吸声或扩散等。

E 使用效果 Fidelity to Client
2013年5月投入使用，成为重庆新的文化地标。

项目名称_重庆国泰艺术中心
主案设计_张晔
参与设计师_刘烨、盛燕、饶劢、纪岩、郭林、韩文文
项目地点_重庆
项目面积_10000平方米
投资金额_8000万元

参评机构名/设计师名:
深圳姜峰室内设计有限公司/
Jiang & Associates Interior Design CO.,LTD
简介: 深圳市姜峰室内设计有限公司,简称J&A
姜峰设计公司,是由荣获国务院特殊津贴
专家、教授级高级建筑师姜峰及其合伙人
于1999年共同创立。目前J&A下属有J&A

室内设计(深圳)公司、J&A室内设计(上
海)公司、J&A室内设计(北京)公司、
J&A室内设计(大连)公司、J&A酒店设计
顾问公司、J&A商业设计顾问公司、BPS机
电顾问公司。现有来自不同文化和学术背景
的设计人员三百五十余名,是中国规模最
大、综合实力最强的室内设计公司之一。
J&A是早期拥有国家甲级设计资质的专业设计

公司,其率先获得ISO9000质量体系认证,是深圳市重点文化企业。
因其在设计行业的突出成就,连续六年七次荣获"年度最具影响力
设计团队奖"的殊荣,并在国内外屡获大奖,得到了中国建筑装饰领
域高度的认同和赞扬。J&A一直致力于为中国城市化发展提供从建筑
环境设计到室内空间设计的全程化、一体化和专业化的解决方案。追
求作品在功能、技术和艺术上的完美结合,注重作品带给客户的价值
感和增值效应,通过与客户的良好合作,最终实现公司价值。

大连国际会议中心
Dalian International Conference Center

A 项目定位 Design Proposition
整个建筑由"解构主义"的代表奥地利蓝天组完成。姜峰设计公司有幸参与其中的室内设计部分,从思考
满足室内与建筑、室内与周边达到高度协调的平衡状态出发,整体协作,把握全局,呼应建筑主体的"解
构主义"风格特征进行设计。

B 环境风格 Creativity & Aesthetics
本案室内设计在充分延续蓝天组建筑设计理念的前提下,对室内空间的造型、色彩、材料质感等进行分析
重构,使其充分展现建筑空间的现代感、流动感、科技感及开放性。设计中运用大量流线造型,在墙面、
天花的造型上应用双曲形态,以此现代前位的手法阐述大连依山傍海、山海之城的美丽风貌。

C 空间布局 Space Planning
本案的室内设计,注重建筑设计和室内设计的内外统一性和共生性,将建筑设计思想延伸扩展到室内设计
之中。在设计上紧扣绿色、环保节能、以人为本的主题:楼宇自控、自然通风、海水源冷媒制冷等的使
用,融入到室内设计当中,使它真正成为低耗能的绿色建筑;周到细致的残障设施考虑,也体现了其无微
不至的人本关怀。

D 设计选材 Materials & Cost Effectiveness
会议中心主要为钢结构,这意味着前厅和歌剧厅内的钢支撑之间是硬性连接的,即不存在结构声分离的地
方。通过钢结构传播的结构噪声,会引起歌剧厅内面板的振动,从而将噪声传入厅内。这种现象对于加强
石膏板,加强水泥板及闭合的薄板尤为明显,所以大剧院的拦河设计并没有采用GRG,而使用了普通的
石膏板。

项目名称_大连国际会议中心
主案设计_姜峰
参与设计师_陈文韬、覃钢
项目地点_辽宁大连市
项目面积_92980平方米
投资金额_24600万元

E 使用效果 Fidelity to Client
其恢弘的建筑外形、多元化的功能、汇聚了当今建筑界所能想到最好的构思,是目前国内外建筑设计领域
的新风向标。

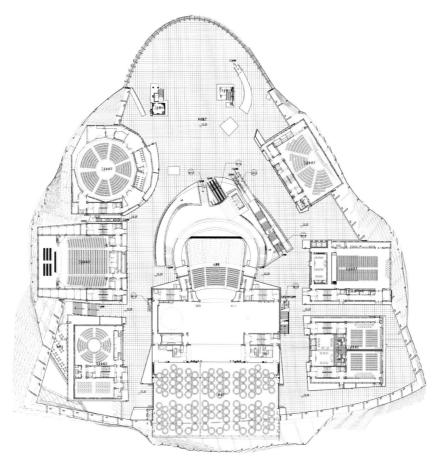

三层平面图

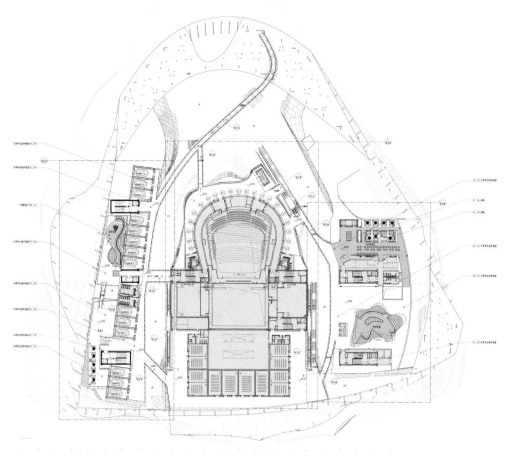

六层平面图

参评机构名／设计师名：

上海现代建筑装饰环境设计研究院有限公司/
Shanghai Xiandai Architectural Design
Research Institute Co. Ltd

简介：

上海现代建筑装饰环境设计研究院有限公司是上海首家将环境设计冠于名前从事室内外环境设计的专业化企业，公司以室内装饰设计、环境景观设计、建筑与建筑改建设计为三大主业，形成的"延伸服务"包括：图文渲染设计、环境艺术设计(含软饰设计及雕塑设计)、标识设计、机电设计、装饰施工管理、技术经济概算以及艺术灯光设计等"一体化"专业服务。公司坚持"以设计为先导，创意为竞争力，设计成就和谐"为经营战略，力求以社会与市场需求为己任，不断增强经营和设计的创新意识、责任意识、服务意识，按照"诚信服务，团结进取、锐意创新、追求卓越"的16字方针统领企业运营全过程，并将进一步聚集人才、强化服务、树立品牌，不断开拓国内外两大设计市场，竭诚为广大客户提供原创、新颖、优质的高品位设计与人性化服务！创意成就梦想，设计成就和谐！

11号线北段二期车站
Line 11(North Section)Phase II Station

A 项目定位 Design Proposition

上海市轨道交通11号线是上海市轨道交通网络中构成线网主要骨架的4条市域线之一。

B 环境风格 Creativity & Aesthetics

龙华站由于独特的地理位置使其在设计之初就要求装饰结合佛教文化。最终由金黄色的顶棚，柱头的如意纹饰、主题墙的书法字等等构成的室内空间充满了禅意与韵味。

C 空间布局 Space Planning

建成后的11号线北段二期在交大站与10号线换乘；徐家汇站与9、1号线换乘；在龙华站与将来12号线换乘；在东方体育中心站与6、8号线换乘、在御桥路与远期18号线换乘、在罗山路与16号线换乘。

D 设计选材 Materials & Cost Effectiveness

部分车站采用了综合吊支架，实现了管线的集成、有序。部分车站的天花设计采用大面积开敞更为简洁、通透。这样的设计为日常的检修维护提供了便利，同时暴露的管线恰当的体现出了工业美感。材质的选用充分考虑地铁的大客流条件下日常的使用及维护。多采用单元化、工厂化、装配式材料。

E 使用效果 Fidelity to Client

项目完工后得到了业主的高度的评价，并在通车评审中得到了全国专家的一致好评。

项目名称_11号线北段二期车站
土案设计_马凌颖
参与设计师_曹兰兰、周达蚊、常洪亮
项目地点_上海
项目面积_190000平方米
投资金额_21000万元

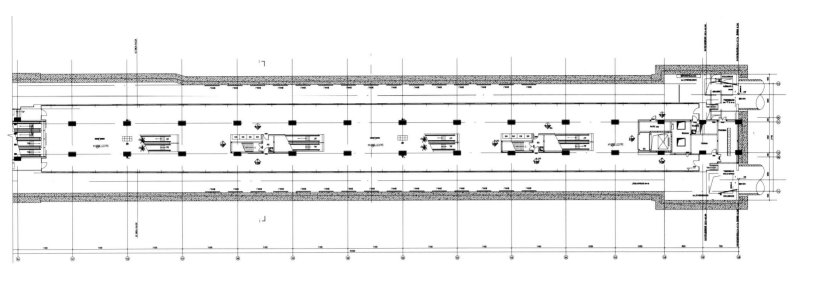

平面图

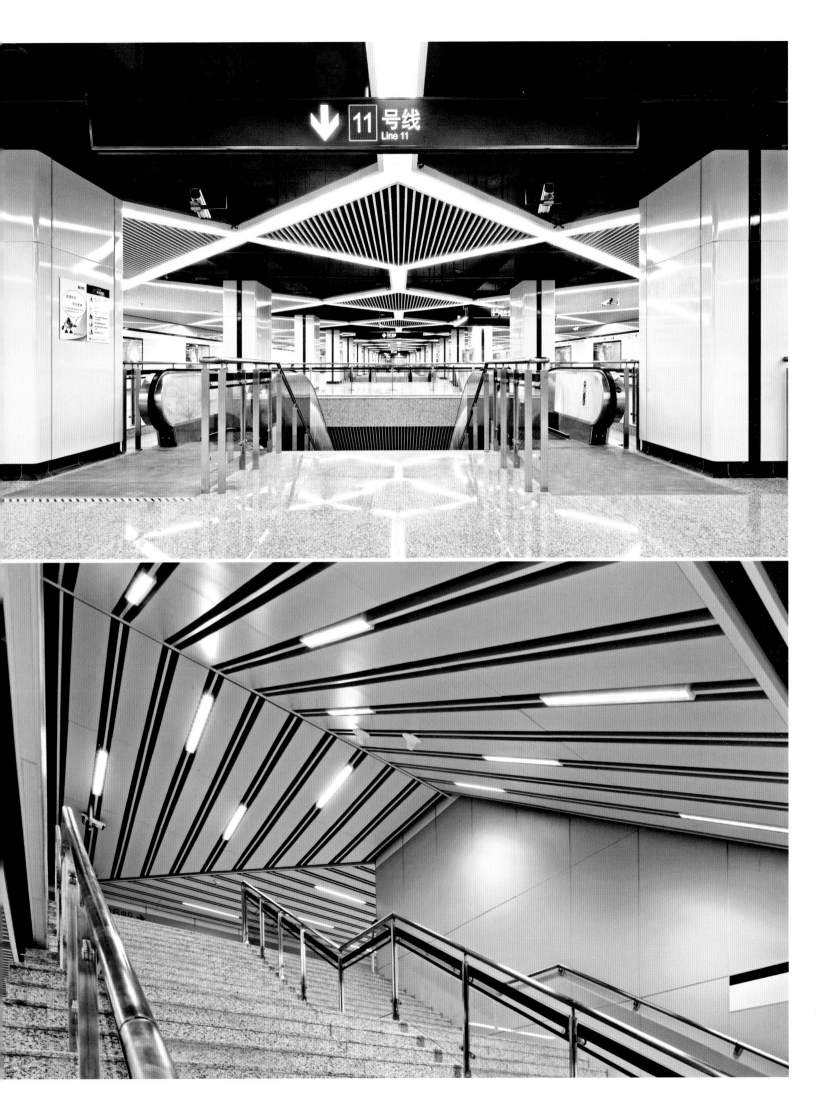

参评机构名/设计师名：
上海亿品展示设计工程有限公司/
Shanghai EPEAN Exhibition Design &
Engineering Co.,Ltd.

简介：
亿品中国，专业从事规划馆、博物馆、科技馆、主题馆、产业馆等大型展馆的艺术策划及设计施工，业务涵盖国内各地及海外。以"文化挖掘"、"主题营造"、"数字演绎"为核心优势，坚持秉承"挖掘城市文化、打造城市品牌"的使命，始终遵循"更用心、更负责，为客户度身打造最具特色的展示馆"这一原则，为国家发改委、住建部、众多省份城市、各企事业单位，成功打造各具特色的展示馆。亿品中国，是国内最早致力于将国际理念与本土文化相融合的专业展示公司，经过十余年的努力，成功将展示与建筑、多媒体、装饰工程完美融合，发展成为业内最具影响力和号召力的优秀品牌。同时与香港特区规划署、德国新勃兰登堡市政府、新加坡国家发展部等多个海外政府专管部门保持良好的合作关系。

黑河市城市规划体验馆
Heihe Urban Experience Museum

A 项目定位 Design Proposition
打破传统的设计策划，从规划展示平台上升到规划体验中心，再到规划艺术殿堂、在市场定位上主要有以下目标：激发青少年儿童的探索欲、求知欲、自豪感、荣誉感；激发黑河市民对城市未来的美好憧憬；激发国内外投资商在黑河共谋发展的信心和决心。

B 环境风格 Creativity & Aesthetics
由于黑河展览馆建筑外观具有强烈艺术感，同样的我们以艺术的形式来展示规划。

C 空间布局 Space Planning
该规划馆是将原有的建筑进行改建，所以在内部空间上和新建的展示馆完全不同，我们通过保留原始建筑结构的同时，对内部空间进行重新调整并制定出对应的参观动线，充分利用层高高的特点，将展示空间最大化，并在原始结构的内部增加"楼中楼"的设计和大型的场景还原。

D 设计选材 Materials & Cost Effectiveness
首先，此次的方案定位是以艺术为形式的展览馆，因此，在设计选材上也是遵循艺术化的布展设计。保留建筑的原始特性，使用环保涂料进行装饰，考虑到北方的气候特性，使用了铝板等不易变形的材料，地面则采用可以耐高温的大理石及PVC地板。

E 使用效果 Fidelity to Client
项目投入运营后，受到社会各界及政府领导的一致好评。对独具匠心的空间布局、现代艺术感的布展设计、量身定做的互动装置、高质量超速度的施工进度给予了充分的肯定，并提出"精益求精，打造全国知名展馆"的目标。

项目名称_黑河市城市规划体验馆
主案设计_郭海兵
参与设计师_亿品设计团队
项目地点_黑龙江黑河市
项目面积_2800平方米
投资金额_2400万元

绿境

清水

大悦城

Город —чистый в экологической сфере, весь в зелени и в цвету .

Город—на берегу прозрачной реки, в окружензеленых озер и лиловых гор .

Город—в атмосфере гармонии, комфорта и радости жизни .

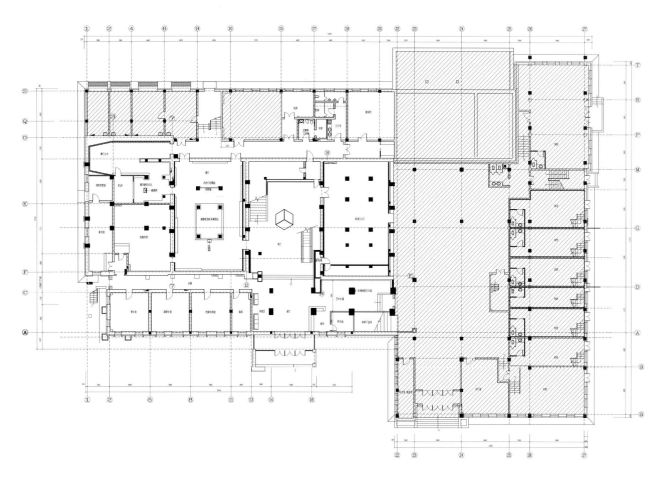

一层平面图

СТОЛЕТНИЙ
ГОРОД

——建筑的故事——

这座老建筑是黑河最初为指鹤灯电力股份有限公司，成立于一九二八至一九二九年间，一九四五年间解放后更名为白山电器公司。

这里的建筑以其最具有代表性的建筑风格，广发电，初站主要担负供关，逆北，奥斯科以来二兵团、一个兵马，的发电任务，一九五五年至半路产状态二，一九八一年建成四号机组规模的首期集中供热，担负市区三十万平米供热任务。一九二一年黑河发电，迁出，广合并，全光，黑河发电，闭窗。

这建筑历经百年，几经变迁，二零一二年黑河市委、市政府决定保护与开发并举，保留原有工业建筑，增其改建为城市规划体验馆，百年建筑注入时代城市特色元素，描绘人们新旧交替衔接的和谐方感唱，嘣建不一样的城市残旧展唱……

参评机构名/设计师名：
南京名谷设计机构/
NANJING MINGGU DESIGN

简介：
名谷设计创建于2007年，由先锋室内建筑师潘冉先生担纲主持。2012年成为南京室内设计学会理事单位，2013年加入IFI国际室内建筑师联盟，并担"任老门东历史街区专家评审委员会装饰设计顾问"工作。获奖情况：2007年，被装饰行业管理办公室，扬子晚报社评为："年度杰出青年设计师"；2008年，苏丹外交部援建项目设计师往返于迪拜，阿布扎比，开罗，喀土穆；2009年，《2009中国创意界》名誉顾问。亚太室内设计大奖赛，优秀奖，2010年，中国建筑装饰协会CBDA 筑巢奖，银奖；南京市室内设计大奖赛，一等奖.《装饰装修设计》封面人物；2011年，中国建筑装饰协会CBDA 筑巢奖，南京市室内设计大奖赛，一等奖.《装饰装修设计》封面人物；2012年，金堂奖•2012中国室内设计年度评选 "年度优秀餐饮空间设计作品"；中国国际空间环境艺术设计大奖赛，筑巢奖；南京市室内设计大奖赛，一等奖.《装饰装修设计》封面人物。

小东园
Xiao Dong Yuan

A 项目定位 Design Proposition
老建筑的保护性建设，现代与传统的时空对话，表达传统建筑文化的时代感和现实意义。

B 环境风格 Creativity & Aesthetics
将古典园林精神融入室内布置当中，巧妙地利用传统建筑的格局、追求内外视觉的穿透交融。

C 空间布局 Space Planning
通过借景，对景的手法拓展视觉尺度；用轴线对称的理论用于实践表达设计师的"仪式美学"观；将传统建筑中的"不可用"变为"可用"；拼装式设计和隐藏式设计在传统建筑里的设计实践。

D 设计选材 Materials & Cost Effectiveness
用"新"材料表现"旧"感觉；用粗矿材质和华丽的材料碰撞，再加入光电等科技元素，表达时光的穿梭感。

E 使用效果 Fidelity to Client
在有限的空间内完成相对全面的展示，让人感受到气质人文的接待氛围。

项目名称_小东园
主案设计_潘冉
参与设计师_王艳
项目地点_江苏南京市
项目面积_350平方米
投资金额_280万元

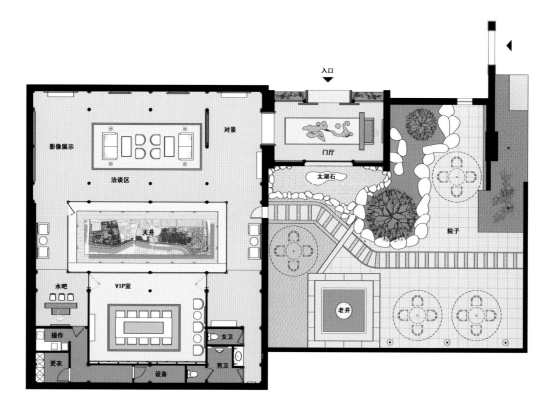

平面图

参评机构名/设计师名：
苏州市平江区浮尘设计工作室/
Fuchen Design Studio
简介：
浮尘设计工作室由中国十大酒店设计师，美国
iau建筑与室内设计硕士，iaid最具影响力中青
年设计师 万浮尘先生主持。工作室拥有一支
较高水平的设计师团队，长期致力于酒店、办

公、会所、娱乐等大型公共空间的调研与设
计工作，作品曾获各类国际大奖。
奖项殊荣：主持上海锦沧文华大酒店客房改造
工程五星级荣获国际IFI大奖，主持苏州远大企
业办公楼设计荣获 中国CIID佳作大奖，设计
浮尘设计工作室家具荣获亚太双年家具设计大
奖，主持苏州美缀时展厅设计荣获中国CIID学
会奖，主持苏州恒龙浮尘设计工作室荣获中国

CIID学会奖等。

苏州浪石陶艺美术馆
Suzhou Wave Rock Pottery Museum

A 项目定位 Design Proposition
将其打造成一个集场所感、多功能、时尚、且不失文化特点的空间。

B 环境风格 Creativity & Aesthetics
将具象的物体，抽象演变成空间的设计语言，并且将艺术馆中产品的相关元素提炼出来运用到空间的设计中。

C 空间布局 Space Planning
空间布局上注重功能的多变性和空间的场所感及视觉冲击力。

D 设计选材 Materials & Cost Effectiveness
本案在选材上注重材料之间的相互对比。

E 使用效果 Fidelity to Client
一个具有新老相互对比，并且有强烈场所感的空间。吸引了大量的参观人群，令人流连忘返。

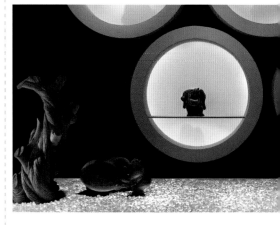

项目名称_苏州浪石陶艺美术馆
主案设计_万浮尘
参与设计师_马佳华、唐海航
项目地点_江苏苏州市
项目面积_445平方米
投资金额_40万元

间非常流行的一项水上比

东、华南、西南少数民族

越之地民间祭龙习俗脱胎

四、五千年的历史。至于

说是在竞渡流变过程中附

参评机构名/设计师名：
陈暄 Lea Chen

简介：
把生活当做工作，把工作当做生活。把创作当做唯一的情感出口。因受到传统现代主义建筑教育，在设计中一直坚持少就是多的现代主义设计理念，从空间与光影本身诠释空间的心里层面上的意义。

高瑀-银河SOHO展览：不现实
Gao Yu-Galaxy SOHO Show-UNREALITY

A 项目定位 Design Proposition
在非传统艺术空间举办个展，对商业空间艺术性的挑战。

B 环境风格 Creativity & Aesthetics
与已有ZAHA的建筑空间的在形式上的对抗。用各种尺度的直线墙面冲撞有机型的内部大厅，形成不稳定的和谐感。

C 空间布局 Space Planning
用自由碰撞的线作为空间布局的方式，看似自由散落的线条，同时组织了展览的动线。

D 设计选材 Materials & Cost Effectiveness
一直坚持的最简单的材料，乳胶漆。

E 使用效果 Fidelity to Client
使参观者在商业空间里面有新的艺术空间体验。

项目名称_高瑀-银河SOHO展览：不现实
主案设计_陈暄
参与设计师_林宇
项目地点_北京
项目面积_1200平方米
投资金额_10万元

参评机构名/设计师名:
陈国良 Chen Guoliang
简介:
毕业于央美环境艺术设计系。设计经历是生活策划的体验，得到的结果是设计经验。我把设计看得很纯粹，当它是个装置；由客观概括开始，到主观情感交融，讲述理性功能和动线表达。我在工作的舞台上，我能低调，我能张扬；因为我对设计有取之不尽，用之不竭的激情。
成功案例: 华侨城欢乐海岸海洋绮梦馆、山西黎氏阁、内蒙古龙凤新天地、深圳友谊书城、海南海口鸿洲江山T1联排别墅、天安数码城创新二区805室、天安数码城创新二区705室、湖南的会所滨江豪苑一层会所设计、佛山贝纳通艺术砖中国城店面形象设计。

华侨城欢乐海岸海洋奇梦馆
OCT （Happy Coast） Dream Aquarium

A 项目定位 Design Proposition
欢乐海岸以创造都市滨海健康生活为梦想，开创性地将滨海旅游文化与主题商业融为一体。

B 环境风格 Creativity & Aesthetics
超越传统水族馆的呈现方式，我们所做的是想象力的设计——从期望、体验、记忆全方位激发每个人心中的海底梦，并帮助他们放大这个梦想，创造想象力。环境整体调性基于"水"的色彩与流动性，曲线造型强烈鲜明。

C 空间布局 Space Planning
激起好奇心，为探索而设计。我们设计了一整套探索旅程图，在观众心中建立一个完整的价值体验，以不同途径、不同表达，为观众带来不断惊喜，它由一个主线上的若干个"体验点"构成，就像一个节奏鲜明的电影剧本。空间规划营造了独特的深海浸入式体验，再现海底的美丽与神奇，创造震撼的观感，观众置身馆内，犹如鱼儿信游四方，如诗如画、亦梦亦幻。

D 设计选材 Materials & Cost Effectiveness
为了完美实现空间的流线效果，我们选用强度高、质量轻、可塑性强的GRG材料。除了能实现完美的造型，GRG还是一种有大量微孔结构的板材，微孔的吸湿与释湿的循环变化，能起到调节室内相对温度的作用，为环境创造一个舒适的小气候。

E 使用效果 Fidelity to Client
海洋奇梦馆投入运营后，为欢乐海岸真正实现了蓝色商业创想，形成最具娱乐体验的商业空间。更为深圳市民尤其是青少年群体，提供了一个亲近海洋、探索未知世界的造梦空间。

项目名称_华侨城欢乐海岸海洋奇梦馆
主案设计_陈国良
参与设计师_罗文俊、陈国全、廖伟宇、廖震宙
项目地点_广东深圳市
项目面积_3300平方米
投资金额_1680万元

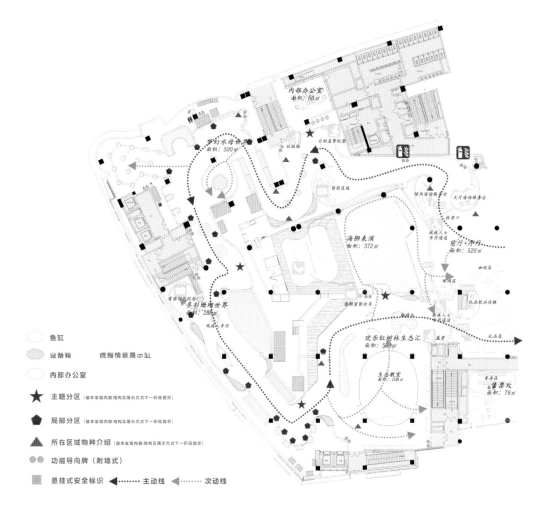

平面图

图例:
- 鱼缸
- 设备箱 微缩情景展示缸
- 内部办公室
- ★ 主题分区 (基本呈现内容·结构及展示方式下一阶段提交)
- ⬟ 局部分区 (基本呈现内容·结构及展示方式下一阶段提交)
- ▲ 所在区域物种介绍 (基本呈现内容·结构及展示方式下一阶段提交)
- ●● 功能导向牌 (附墙式)
- ▦ 悬挂式安全标识 ◄⋯ 主动线 ◄⋯⋯ 次动线

参评机构名／设计师名：
汪晖 Wang Hui
简介：
专业从事设计、施工、软装等综合商业项目。
三一集团、漂亮宝贝集团、华菱集团、迅邦地
产等客户。湖南金谷仓国际陈设艺术设计公司
创意总监。
曾获部分荣誉：

2011年海峡两岸四地室内设计大赛商业类金
奖、2011年海峡两岸四地室内设计大赛会所类
银奖、2011年中国（上海）国际建筑及室内设
计节金外滩最佳概念设计奖、2010年"金堂
奖" 2010CHINA-DESIGNER中国年度室内设
计评选年度十佳公共空间设计作品、2010年中
国室内设计周陈设艺术最高奖项晶麒麟奖。

贝帝国际艺术整形旗舰机构
BeiDi International Art Institutions

A 项目定位 Design Proposition

古希腊海伦的美貌，引发十年的特洛伊战争。 中国古代四大美人，西施肩负复国大任，昭君换得汉室安
宁，玉环贵为国母，貂蝉艳惊三国。 女人的美色，是上帝用来制衡这个世界的温柔武器。

B 环境风格 Creativity & Aesthetics

女人对美的热忱礼赞，虽没有留下知名画家画作，历代各地的绣品，却是不朽的明证。郎世宁，这位在中
国宫廷奉献半世纪的意大利传教士，虽然并非开宗立派的大师，却是第一位用近代西洋技法描摹中国国家
形象的画家。绘与绣在此项目的设计中得到完美融合。

C 空间布局 Space Planning

本案空间由前厅、二楼前厅、咨询室、教授办公室、护士站、检验室、接待室、休养房、手术室、明星秘
密通道、时光隧道接待大厅等。

D 设计选材 Materials & Cost Effectiveness

湘绣是中国四大名绣之一，构图严谨、色彩鲜明，具有特殊的艺术效果，以纯丝、硬缎、软缎和各种颜色
的丝线．绒线手工绣制而成。画中四大美女杨贵妃、西施、貂蝉、王昭君是中国传统文化与美丽的结晶，
她们代表着贝帝国际艺术整形追求的自然和谐真实之美。

E 使用效果 Fidelity to Client

客户非常满意。

项目名称_贝帝国际艺术整形旗舰机构
主案设计_汪晖
项目地点_广东广州市
项目面积_1700平方米
投资金额_2000万元

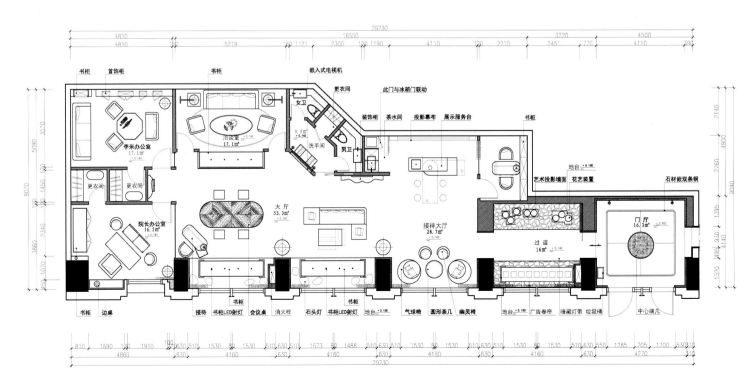

一层平面图

参评机构名/设计师名:
上海风语筑展览有限公司/
Shanghai Abluesdesign Exhibition Co.,Ltd

简介:
城市规划展览馆的行业龙头，也是目前国内少有的专注城市规划类的展览馆装饰及展示设计施工一体化工程的专业公司。目前风语筑是行业内拥有最多中国规划馆成功业绩的公司。

公司借鉴国际化Crossover理念，以国际+本土的专业化团队，形成了自己的创作风格和设计特色。
作品如中国直辖市中最后一个规划馆——天津城市规划展览馆；江南历史文化名城——杭州市规划展览馆；北方历史文化名城——石家庄市规划展览馆；东北第一馆——沈阳市规划展览馆，西北历史古都——西安市规划展览馆，

山东省会——济南市规划展览馆，"青色的城市"——呼和浩特市规划展览馆，2010年度国内投资最大规划馆——大庆市规划展览馆。
沈阳市规划展览馆荣获设计行业大奖2010金堂奖，以及"沈哈长"三市优秀工程金杯奖，台州市路桥区规划展览馆还入选2008年度亚太室内大奖作品集。

拉萨市规划建设展览馆
Lhasa City Planning Exhibition Hall

A 项目定位 Design Proposition
拉萨是中华人民共和国西藏自治区首府，西藏第一大城市，国家历史文化名城。全区政治、经济、文化、宗教的重心，是一座具有1300多年历史的古城。

B 环境风格 Creativity & Aesthetics
展陈设计以"拉萨之旅"作为展示主线，汲取格桑花、牧帐、藏式建筑、转经、天路、雪山等藏韵元素，让每一位参观者都以旅行者的身份体验拉萨的历史与人文、生态和现代，全景感受这一座阳光之城。

C 空间布局 Space Planning
空间布局上分别从"城市概况"、"藏韵流芳"、"历史人物"、"辉煌成就"、"诗意栖居"、"战略视野"、"美丽家园"等角度，采用大量国际先进水平的高科技手段，将全息投影、环幕沉浸式剧场、数字沙盘体验间、情景式影院、四位一体互动沙盘等现代化声光电技术融入多项展示环节。

D 设计选材 Materials & Cost Effectiveness
砂岩浮雕匹配超大LED天幕，全息影像辅以环幕剧场，设计选材采用纤维吸音板及金属、玻璃之类可循环利用材料，它们精美、高雅、易加工、表现力强，同时穿插使用天然材料。

E 使用效果 Fidelity to Client
项目的建成对于完善拉萨首府城市功能、提高城市综合竞争力、展示拉萨城市建设及经济发展成就、促进全市文化产业和文化事业发展繁荣都具有重要意义，也将极大提升拉萨作为国家历史文化名城和国际旅游城市的知名度。

项目名称_拉萨市规划建设展览馆
主案设计_李祥君
项目地点_西藏拉萨市
项目面积_6000平方米
投资金额_4500万元

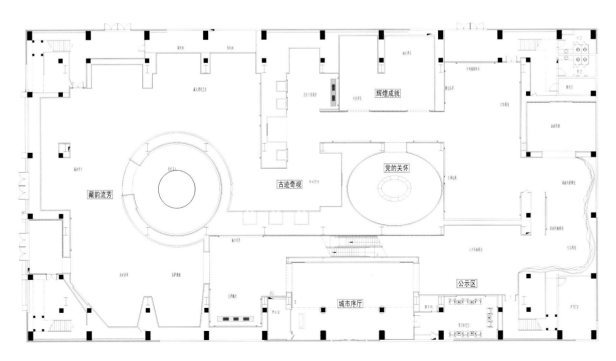

一层平面图

参评机构名/设计师名:
中国建筑设计研究院环艺院室内所/
CHINA ARCHITECTURE DESIGN RESEARCH
GROUP
简介:
所获奖项:中国室内设计学会奖、金堂奖、筑
巢奖、威海"蓝星杯"、全国优秀工程勘察设
计奖等。

成功案例:拉萨火车站、首都博物馆、山
东广电、福建大剧院、无锡科技交流中心
等。是我国成立最早的建筑室内专业设计
机构之一,依托中国建筑设计研究院的雄
厚实力,始终致力于室内设计的研究与发
展,走过了一条不断探索和创新的道路。
成立50多年来,室内设计研究所完成室内设
计项目400余项,足迹遍布全国,在文化教育

建筑、大型办公楼建筑、交通建筑设
施、体育建筑、驻外使领馆、酒店等
各种类型空间的设计领域都取得了丰
硕成果,尤其擅长以建筑到室内整体
设计。

北京外国语大学图书馆改扩建
Beijing Foreign Studies University Library extension

A 项目定位 Design Proposition
建筑为北京外国语大学老图书馆的改扩建,设计保留了老建筑的梁、柱、框架结构,突出了结构的框架构
成感,在老的框架中嵌入新的功能。

B 环境风格 Creativity & Aesthetics
在此案设计中,我们尝试使光成为空间中的主角,规划自然光与人工照明,或明朗、或怡静。根据不同区
域的使用要求对光线进行配置。面向共享和屋顶庭院设置阅读桌,充分利用自然光线,阅读区桌面设置直
接照明,而顶面成为漫反射的载体,提供了均匀而安静的空间氛围。

C 空间布局 Space Planning
入口大厅的"九宫格"嵌入体,如过滤器一般屏蔽了街面的嘈杂。 建筑核心为有着充分自然采光的高大
空间,被改造为了层层跌退的五层共享,开放式的大楼梯连接起了每一层的藏阅空间。

D 设计选材 Materials & Cost Effectiveness
选材的原则为:便于维护、检修;控制造价、节约成本;便于施工。主材:亚麻油卷材地面、金属拉网、
混凝土保护及仿混凝土板。

E 使用效果 Fidelity to Client
流线清晰,管理便捷。功能分区与照明配置合理舒适。 获得图书馆管理方及学校师生的好评。

项目名称_北京外国语大学图书馆改扩建
主案设计_刘烨
参与设计师_饶劢、张晔、郭林、马萌雪、纪岩
项目地点_北京
项目面积_15000平方米
投资金额_3000万元

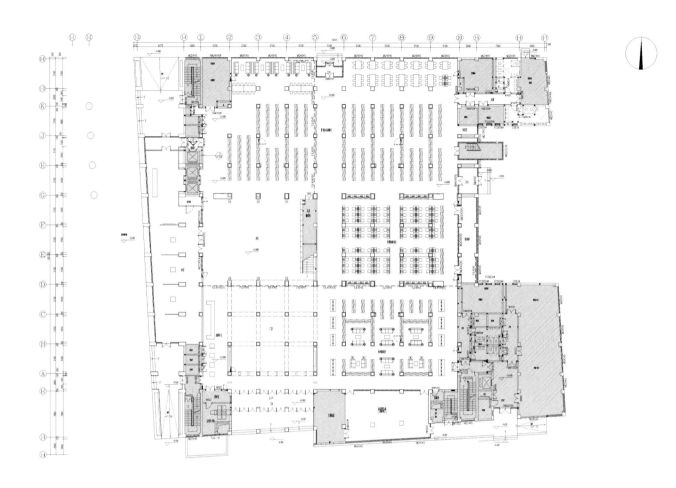

一层平面图

参评机构名/设计师名:
西安擎翼室内设计有限公司/
CHALLENGING DESIGN

简介:
擎翼——以设计为龙头的空间整合机构。擎翼室内设计（CHALLENGING DESIGN）有限公司由王博、王涛兄弟于2006年在西安创立。擎翼致力于促进中西方设计文化的交流融合，汇集世界精英设计力量，努力将世界一流的设计思维带到中国，服务于对空间具有高品质要求的客户。擎翼室内设计下设擎翼国际、擎翼中国、IPG国际软装设计中心及产品运营中心，为您提供包含建筑室内设计、软装设计及配饰、工程施工、家居产品运营及商业产品规划等服务。国际化精英设计团队，精准化设计与施工管理流程，以及包括VERSACE HOME（范思哲家居）、NATUZZI（纳图兹沙发）、LAMBORGHINI BEDS&LINENS（兰博基尼寝具）等在内的全球化优势品牌资源整合，为您带来独具品味的生活方式！

西安百思美齿科诊所
Xi'An Best Smile Dental Clinic

A 项目定位 Design Proposition
作为齿科高端的市场定位，我们在保证医疗人员和设施的先进性的同时，也对诊所空间进行了有别于其他医疗场所的规划，让就诊病患有着全新的医疗体验。

B 环境风格 Creativity & Aesthetics
简洁明快又不失圆润的节奏变换。

C 空间布局 Space Planning
圆形和弧形的运用时本案的亮点，让原本更占地方的圆形，为业主提供更多的有效空间，旋转楼梯的出现让空间变得连贯有乐趣。

D 设计选材 Materials & Cost Effectiveness
雅士白的石材拼花让很多小空间变得更加生动的同时，还保留了医疗场所需要的整洁性。

E 使用效果 Fidelity to Client
开业以来客人络绎不绝，都对医院的医疗水平和空间设计赞不绝口，业主计划在2013年的下半年度再开两家分店。

项目名称_西安百思美齿科诊所
主案设计_邱洋
项目地点_陕西西安市
项目面积_300平方米
投资金额_75万元

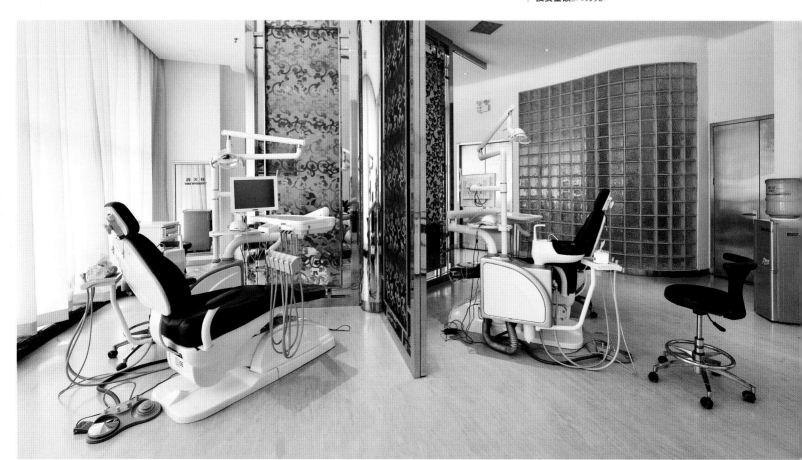

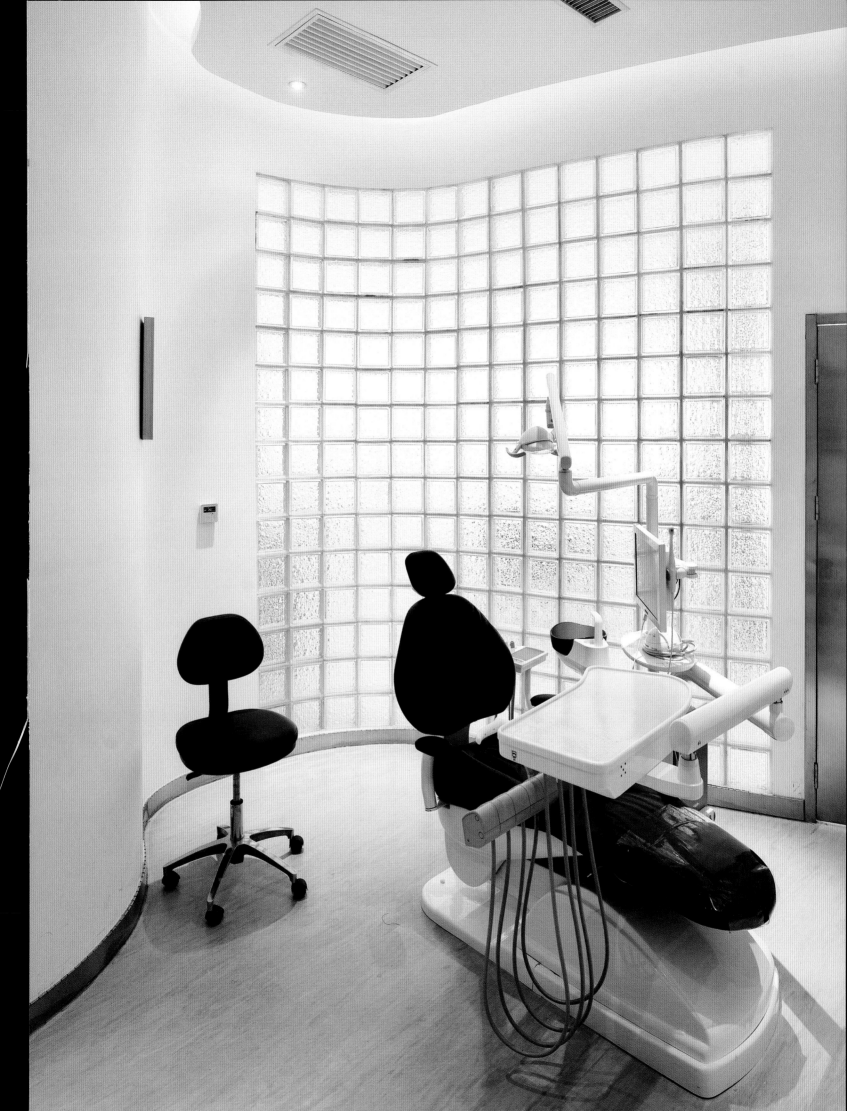

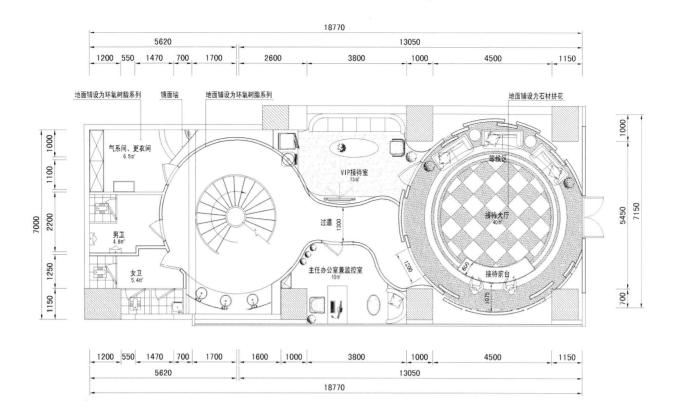

| 18770 | | | |
| 5620 | | | 13050 |

| 1200 | 550 | 1470 | 700 | 1700 | 2600 | 3800 | 1000 | 4500 | 1150 |

地面铺设为环氧树脂系列　镜面墙　地面铺设为环氧树脂系列　　地面铺设为石材拼花

气系间、更衣间 6.5㎡

VIP接待室 15㎡

等帐区

接待大厅 40㎡

过道

男卫 4.6㎡

女卫 5.4㎡

主任办公室兼监控室 10㎡

接待前台

1200	550	1470	700	1700	1600	1000	3800	1000	4500	1150
5620					13050				
18770									

一层平面图

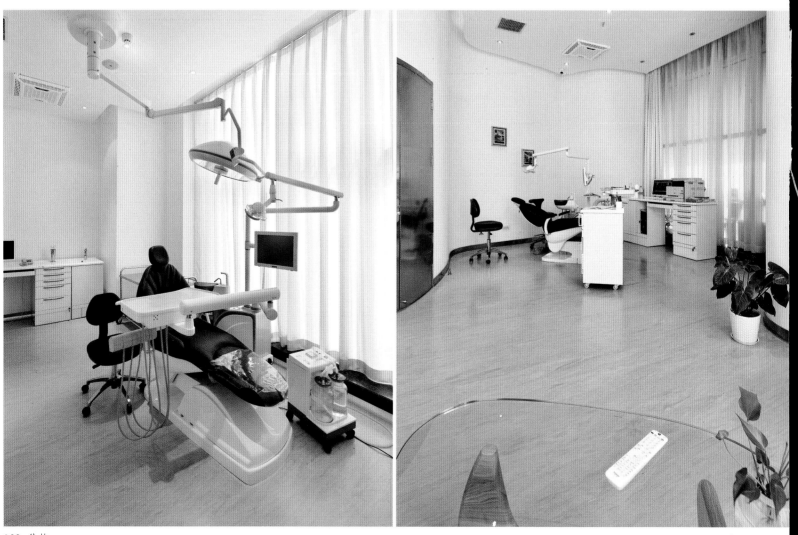